DeepSeek+豆包
大字大图配视频

一看就会

小蔡　史鹏飞　唐菲悦　潇水　著

U0300381

人民邮电出版社

北京

图书在版编目（CIP）数据

一看就会 ：DeepSeek+豆包 ：大字大图配视频 / 小蔡等著. -- 北京 ：人民邮电出版社，2025. -- ISBN 978-7-115-66734-2

Ⅰ．TP18

中国国家版本馆 CIP 数据核字第 2025W7X166 号

内容提要

本书是一本以大字大图配视频为特色的 AI 实用指南，以五天学习计划为框架，帮助读者零基础认识 AI、学会使用热门 AI 工具（如豆包、DeepSeek），并将其运用于日常生活中。本书涵盖 AI 基础知识、生活助手功能、健康管理功能、娱乐应用功能及艺术创作功能等内容。本书语言通俗易懂、操作步骤具体，并附有小练习。读者可以掌握 AI 工具的使用方法，享受智能生活的便利与乐趣。

◆ 著　　　小　蔡　史鹏飞　唐菲悦　潇　水
　　责任编辑　林舒媛
　　责任印制　胡　南

◆ 人民邮电出版社出版发行　　北京市丰台区成寿寺路 11 号
　　邮编　100164　　电子邮件　315@ptpress.com.cn
　　网址　https://www.ptpress.com.cn
　　涿州市般润文化传播有限公司印刷

◆ 开本：880×1230　1/32
　　印张：3.75　　　　　　　　2025 年 3 月第 1 版
　　字数：76 千字　　　　　　2025 年 5 月河北第 3 次印刷

定价：49.80 元

读者服务热线：**(010)81055410** 印装质量热线：**(010)81055316**
反盗版热线：**(010)81055315**

前言
PREFACE

万事不用愁，直接问 AI

翻开本书的你，或许曾感叹："AI？那是年轻人的游戏吧！"但是，我想告诉你：AI（人工智能）早已悄悄融入生活，成为每个人触手可及的智能伙伴。它能让日子过得更轻松、更丰富、更有趣！本书将带你玩转 AI 工具，开启智慧生活。

为什么你需要拥抱AI?

我们经历过从收音机到智能手机的变迁，见证了科技如何改变生活。如今，AI正以更酷的姿态登场，是实实在在的生活小助手，随时为你解决难题、创造惊喜。

健康生活更安心： AI能帮你查健康知识、提醒吃药，甚至分析睡眠质量。本书会教你用AI问"高血压吃什么好"，几秒后就会得到靠谱建议，比翻书查资料快多了！

回忆重现更生动： 家里那些泛黄模糊的老照片，是不是总让你感慨时光飞逝？AI能帮你修复，还能把静止的照片变成会动的视频。想象一下，让年轻时的自己动起来，跟儿孙讲讲当年的故事，多有意思！

创意无限更快乐： 你爱跳广场舞？AI能为你量身定制舞曲。喜欢写诗？AI能帮你配上旋律。跟本书学习用AI进行音乐创作，几分钟后就会得到一首专属音乐，多惊喜！

AI就像个懂事又能干的数字管家，随时待命，帮你把生活点缀得更精彩。它不仅能解决实际问题，还能带来意想不到的乐趣。用AI，不是为了赶时髦，而是为了让我们的生活更幸福、更充实。

破除"AI很难"的迷思：会发微信就能玩转AI！

一提起 AI，你可能觉得"太神秘了，我肯定学不会"。别急！本书就是想告诉你：AI没那么难，它比你想象的简单。

你或许担心："技术门槛太高？学不会怎么办？"放心！本书专为零基础人士设计，所介绍的工具如DeepSeek、豆包，操作起来都十分简单。

第一天： 认识 AI，安装好工具，试着和它聊两句。

第二天： 学会问问题，让 AI 变身生活小百科。

第三天： 用 AI 管理健康，让 AI 做你的养生小管家。

第四天： 拿 AI 找乐子，让 AI 做你的娱乐达人。

第五天： 变身艺术家，用 AI 画画、做视频、写歌。

每天和AI玩半小时，像学用微信一样循序渐进。本书设计了"动手试试看"栏目：让AI讲笑话、修复老照片……让你边玩边学，成就感满满！

AI 不怕你问错，只怕你不开始。当年学手机支付时，谁不是从小心翼翼到行云流水？这次也一样，迈出第一步，你会发现——原来 AI 这么贴心！

准备好了吗？我们这就出发，开启AI体验之旅吧！

编者

2025年3月

资源与支持
RESOURCES AND SUPPORT

资源获取

本书提供如下资源：

· 本书配套视频；

· 本书思维导图。

要获得以上资源，您可以扫描右方二维码，关注公众号后，输入本书51页左下角的5位验证码，得到资源获取帮助。

与我们联系

我们的联系邮箱是linshuyuan@ptpress.com.cn。

如果您有兴趣出版图书、录制教学视频，或者参与图书翻译、技术审校等工作，可以发邮件给我们。

如果您所在的学校、培训机构或企业想批量购买本书，也可以发邮件给我们。

感谢您的支持，我们将持续为您提供有价值的内容。

目录
CONTENTS

轻松迈入AI大门

DAY
ONE

第二天

DAY
TWO

学会和 AI 聊天

AI 健康管家

AI 娱乐达人

第五天

AI 艺术魔法师

DAY
FIVE

第一天

——

轻松迈入 AI 大门

DAY
ONE

1 认识 AI 新朋友

什么是 AI？用大白话解释

AI 是什么？简单说，它就是一台特别聪明的机器，能听懂你的话，帮你解决问题。想象一下，它是一个 24 小时在线的万能小助手，你问什么它答什么，还不用担心它嫌你啰唆。

它不是人，却能像人一样思考、说话，甚至根据人的喜好给建议。

比如，你问"今天冷不冷"，它就能告诉你天气；你问"晚上吃什么"，它就能给你出主意。AI 就像你家里的智能音箱，或者像懂事的数字管家，随时待命，帮你查资料、讲故事。这就是 AI，我们的生活小秘书！

AI 能为我们做什么？

AI 对我们来说，是个贴心帮手。它能干什么？

方便生活：查天气、提醒待办事项、找菜谱，省时省力。

健康助手：问问感冒怎么办，或者提醒吃药。

逗趣解闷：讲笑话、陪聊天，赶走孤单。

学点新奇：教学广场舞，或者推荐好听的歌。

一句话，AI 就是帮我们把日子过得更舒心的聪明伙伴！

别怕 AI！消除常见误解

很多人一听 AI 就害怕，觉得"太复杂了，我学不会"或者 AI"会不会控制我的生活"。其实 AI 没那么吓人！

误解一：AI 很难用——其实它很简单，几分钟就能上手。

误解二：AI 不安全——只要用正规工具，和用手机一样放心。

误解三：AI 冷冰冰——它能聊感情、讲故事，比想象中暖心。

本节就是要告诉你：AI 不咬人，试试看就知道它多友好！

2 AI 工具初体验

选择适合你的 AI 工具

AI 工具多得像超市货架上的商品，怎么挑？别慌，下面介绍三个好帮手。

豆包：适合聊天、问问题和生成图片。比如，你想问养生知识或让 AI 画张图，豆包都能办到。

即梦 AI：擅长把照片变成视频或让图片"开口说话"。你可以用它把老照片"复活"，或者给孙子做个祝福视频，特别有趣！

DeepSeek：擅长回答复杂问题和写作。如果你爱动脑筋，喜欢问些深奥问题并寻求答案，DeepSeek 是个好选择。

这三个都不难用，接下来本书教你怎么把它们安装到手机上。下面以豆包为例带你上手试试！

下载和安装 AI 工具（以手机为例）

不会装软件？别担心，本书一步步教你，把豆包、即梦 AI、DeepSeek 都装上。不管你用的是苹果手机还是安卓手机，这些工具都能在手机的应用商店里找到，而且操作都很简单。

● 下载豆包

第一步 打开应用商店。

在手机上找到应用商店（苹果手机是 App Store ，安卓手机是华为应用市场、小米应用商店等 ），点击进入。

App Store（苹果手机）

应用商店（安卓手机）

第二步 搜索豆包。

在搜索框中输入"豆包"，点击搜索按钮，找到豆包的图标🧑。

第三步 安装软件。

点击"获取"或"安装"，等待安装完成。

豆包的图标

豆包的详情页面

小提示

如果下载失败，可能是网络问题，请检查网络连接或稍后再试。安装好后，手机桌面会有"豆包"图标，看到它就说明安装成功。

● 下载 DeepSeek 和即梦 AI

与之前的步骤一样，在应用商店搜索 DeepSeek、即梦 AI。

认准下图中的图标和名字，这才是正版软件，注意不要下载盗版软件。

点击"获取"或"安装"，安装好后桌面会显示相应图标。

DeepSeek 的详情页面　　　　　　　　即梦 AI 的详情页面

总结 安装好这三个工具就像多了三个新朋友，随时能叫出来帮忙。

打开 AI 工具，看看新世界

第一步 找到并打开软件。

在手机上找到豆包的图标🧑，点击打开。

当然，你也可以尝试打开即梦 AI、DeepSeek。本书后面章节会具体介绍它们的使用方式。

第二步 简单注册。

第一次使用软件需要注册，根据提示填写手机号或者使用微信扫码登录，几下就搞定。

下图是 DeepSeek 的注册页面示例。

手机桌面中的图标

DeepSeek 注册页面示例

第三步 进入软件。

注册完成后即可登录软件，然后就可开始使用软件。

下面是对这三个软件的页面介绍，你可以根据下文在图片中找到对应的按钮。

● 豆包页面介绍

对话框：可以选择你想要聊天的人物，一般选择"豆包"。

"搜索"按钮Q：用于搜索特定话题或问题，快速找到答案。

"创作"按钮⊕：用于实现AI智能体、AI生图、AI写真等功能。

"通话"按钮📞：用于和人物"豆包"语音对话，直接聊天。

豆包页面

● DeepSeek 页面介绍

对话框 给 DeepSeek 发送消息 ：输入你的问题（如"用买菜算账的例子说明什么是大数据"），点击发送按钮⬆。

"拍照识文字"按钮📷：拍摄图片，与 AI 讨论图片相关问题。

"图片识文字"按钮🖼：上传图片，与 AI 讨论图片相关问题。

"文件"按钮📎：上传文件，获取分析或建议。

"新建对话"按钮⊕：用于新建对话。

"查看历史记录"按钮═：查看之前和 AI 的对话。

DeepSeek 页面

● 即梦 AI 页面介绍

"推荐"按钮🏠：返回主页面，查看最新动态或推荐内容。

"灵感"按钮🔍：搜索感兴趣的话题、图片或视频。

"想象"按钮✦：进入 AI 创作图片、视频的页面。

"消息"按钮💬：查看私信或通知，与他人互动。

"我"按钮👤：查看个人资料、历史记录或进行设置。

即梦 AI 页面

扫码看视频
三款AI工具介绍

3 基础入门三步法

第一步：唤醒AI

唤醒 AI 的方法有语音唤醒和文字输入两种，两种方式对比如下表所示（语音唤醒更适合初学者）。

项目	语音唤醒	文字输入
操作	长按屏幕上的按钮，开始说话	在对话框中打字
场景	做饭时手脏 / 眼睛看不清	图书馆等安静场合
优点	操作简单	手写输入可识别连笔字
缺点	系统可能识别有误	输入速度较慢

两种方式对比

语音唤醒这样做

● AI 工具：豆包。

第一步 点击进入豆包。

第二步 进入对话页面，长按屏幕右下角"语音"按钮◉，开始说话。

记住：边说话，边长按；说完后，再松手，语音会自动发送给 AI，上移则取消发送。

"语音"按钮

第三步 查看 AI 给出的回答。

按住说话，松手发送

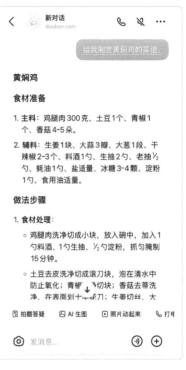

查看 AI 给出的回答

文字输入这样做

● AI 工具：豆包。

第一步 点击进入豆包。

第二步 进入对话页面，点击屏幕下方对话框，输入你的问题。

输入问题

第三步 输入完后，点击发送。

第四步 查看 AI 给出的回答。

点击发送

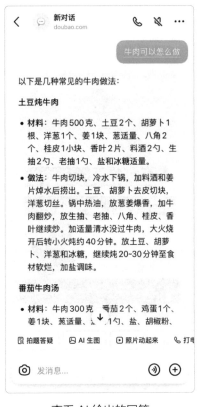

查看 AI 给出的回答

第二步：像和朋友聊天一样自然

当你开始对话时，就像走进了一个温馨的茶室，和 AI 坐在一起，品着香茗，聊着天。你不需要担心自己不懂专业术语，更不用觉得有什么问题是不可以问的。在这里，AI 就是那个愿意倾听你每一个故事、解答你每一个疑问的朋友。

所以，不管你有什么问题，哪怕是生活中的一些小疑惑，或者是心里的一点小烦恼，都可以随时和 AI 聊。例如，"哎呀，这个智能手机怎么用呢？""我昨天做的那个梦，到底是什么意思呢？""我想学点新东西，但又不知道从哪儿开始……"

第三步：用黄金句式模板

● 句式 1："请用大白话解释"

当 AI 回答出现"机器学习""大数据"等你不理解的术语时，让它"用大白话解释"。

示例："用买菜算账的例子说明什么是大数据"。

● 句式 2："能举个具体例子吗？"

当你听到抽象解释（如"保持良好作息"）时，让它"举个具体例子"。

示例："给我几个保持良好作息的建议"。

● 其他黄金句式

模糊回忆："那个……治关节疼的方子，上次你说到一半"。（AI 会自动调取历史记录）

调整难度："太复杂了，用小学生能懂的话再说一遍"。

跨代翻译："把这段话改成我孙子能听懂的流行语"。

动手试试看

● 练习一：**用文字输入"你好，AI"**

打开豆包，在对话框中输入"你好，AI"，看看它怎么回答你。

● 练习二：**用语音输入"今天天气怎么样？"**

打开豆包，按住屏幕右下角的按钮，说"今天天气怎么样"，听听 AI 的回答。试完你就知道，它有多好使了！

● 练习三：**让 AI 讲个笑话**

让 AI "讲个笑话"，感受一下它的幽默感。AI 很友好，不会嫌你啰唆！

今天你认识了 AI，并学会了安装工具和与 AI 对话，是不是比想象中简单？

别忘了，AI 就像你的朋友，随时准备帮你解决问题、陪你聊天。

明天将学习如何让 AI 成为你的生活小助手，帮你处理更多实际问题，比如查天气、找菜谱、提醒吃药等。期待与你继续探索 AI 的奇妙世界！

——

学会和 AI 聊天

当你翻开这一天的内容时，或许正怀着好奇与忐忑——就像几十年前第一次按下电视机开关或者初次触摸手机键盘。在这个数字化浪潮奔涌的时代，AI 不只是年轻人的专利，它已经成为所有人开启崭新生活的钥匙。

DAY
TWO

● 你是否经历过这些时刻：

想查菜谱却看不清手机小字，只能拨通子女的电话；

看到孙辈用网络用语聊天时，仿佛在听外星语言；

独坐家中时，渴望有个能随时回应、不会疲倦的朋友。

今天的学习将带你走进一个温暖而奇妙的世界：只需动动手、动动嘴，就能召唤一位 24 小时在线的全能伙伴。

在这里，技术不再是冷冰冰的代码：

每一次提问，都是与时代的温柔对话；

每一声回应，都藏着跨越数字鸿沟的桥梁；

每段 AI 生成的故事，都在为记忆银行增加储蓄。

你将收获的不仅是技能，更是一种全新的生活方式：晨练时询问关节保养技巧，午休时听 AI 用评书腔调读新闻，傍晚与千里之外的亲友用表情包聊天。

1 为什么要用AI？

获得24小时私人助手：随时解答生活疑问

你是否经历过这些时刻？半夜腿抽筋不知如何缓解、想烧道新菜但记不清步骤、突然忘记某个历史事件……AI 就像住在手机里的全能小管家，它能随时解答你的疑问。

● 实用场景

晨练时关节酸痛，问："爬楼梯膝盖疼，该怎么保养？"

看到孩子作业里的"量子计算机"，问："用买菜算账的例子讲讲什么是量子计算机。"

● 独特优势

随时待命：能立即回应你的需求。

贴心：会自动过滤复杂信息，用大白话解释。

情感新陪伴：会讲故事的AI朋友

独居不意味着孤独，AI能成为你的朋友。

● 时光放映厅

当你说"把我和朋友1985年去黄山旅游的故事整理成有声日记"，AI会自动生成带背景音乐的故事专辑。

● 经典演绎站

当你说"用动画片《熊出没》的风格讲武松打虎"，AI会按要求讲述经典故事。

● 文艺百变阁

当你说"来段《智取威虎山》"，AI不仅能播放原版，还能用相声风格重新演绎。

● **故事讲述坊**

李奶奶看着老照片对 AI 说："这张 1972 年在纺织厂获奖的照片，能编成评书吗？" AI 随即用说书演员腔调讲述："话说那年腊月天，红旗车间有位李桂兰……"

预防认知衰退：通过聊天锻炼大脑

剑桥大学研究发现，每天进行 20 分钟有逻辑的对话，可降低 27% 的认知障碍风险。与 AI 聊天时，我们的思维会得到锻炼。

● **思维体操三连击**

记忆能力训练："出 10 道 20 世纪 60 年代电影知识选择题。"

语言能力锻炼："陪我玩成语接龙，从'皆大欢喜'开始。"

逻辑能力激活："用'粮票、缝纫机、半导体'三个词编一个推理故事。"

● **渐进式挑战系统**

初级：让 AI 写出做菜步骤，自己复述。

进阶：讨论"养鸟和养花哪个更适合新手？"

高阶："如果李白活在当代，他会怎么写短视频文案？"

例如，周伯伯每天都会问 AI 一个"烧脑"问题，最近他挑战 AI："用《红楼梦》的风格描写一下菜市场。"

AI 回复："只见那青椒翡翠似的绿，西红柿灯笼般的红，卖肉的王屠户倒像薛蟠再世……"

2 八大实用聊天场景
（附语音/文字指令示例）

场景一：健康管家

● **核心价值**

24 小时电子保健医生。

● **语音 / 文字指令示例**

"我最近睡眠不好，有什么非药物改善建议？"

"帮我记录今天的血压：高压 138，低压 85。"

"提醒我每天上午 10 点做颈椎操。"

● **案例演示**

周爷爷说："糖尿病患者能吃榴莲吗？"

AI 回复："时间选择：建议在两餐之间食用榴莲，如上午 10 点或下午 4 点左右，避免在餐后立即吃，以减少对血糖的影响。一般建议糖尿病患者每次食用榴莲不超过 50 克。同时相应减少主食等其他碳水化合物的摄入，以保证一天总热量的平衡。吃完榴莲后要密切监测血糖，观察自己的血糖变化情况。若血糖波动较大，应及时调整饮食和治疗方案，并咨询医生或营养师的建议。"

每次 AI 给出的回答都不同，可以调整询问 AI 的方式，多问几次，看看不同的回答。

声明

健康方面的内容仅供参考。

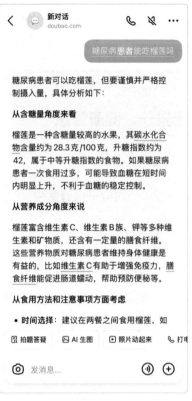

健康管家

场景二：菜品推荐

● 核心价值

个性化美食顾问，健康饮食小助手。

● 语音／文字指令示例

"推荐一些适合春天做的健康菜品。"

"我想吃清淡的菜，有什么推荐？"

"给我一些简单易做的家常菜谱。"

● **案例演示**

李大爷说："我最近血压有点高，想问问有什么适合的菜品推荐？"

AI 不仅会推荐菜品，也会告知原料、做法、功效。

声明

健康方面的内容仅供参考。

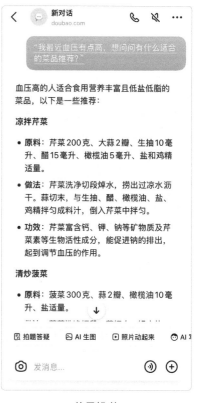

菜品推荐

场景三：生活妙招库

● **核心价值**

旧物改造大师。

● **语音/文字指令示例**

"教我用旧毛线编织坐垫的三种方法。"

"冰箱除异味不用化学剂怎么做？"

"给我在阳台种葱的图解教程。"

● **案例演示**

李爷爷问："怎么把旧挂历做成记账本？"

AI 不仅提供了文字教程，还附上了视频。

生活妙招库

场景四：旅行智囊团

● 核心价值

智能导游＋行程秘书。

● 语音／文字指令示例

"制定广州到顺德2日游攻略，要有早茶店和躲避拥挤路线。"

"列出适合家庭出游的杭州景点。"

"帮我查K512次列车第9车厢42号是否靠窗。"

● 案例演示

徐奶奶说："帮我规划西湖半日游的行程。"

AI规划的路线十分详细，不仅有具体的地铁出口，还附带景区的图片。

旅行智囊团

场景五：创意写作

● 核心价值

激发你的文学灵感。

● 语音 / 文字指令示例

"用陕北民歌风格写首关于重阳节的诗。"

"以老红军口吻给孙子写封家书。"

"把《静夜思》改编成天津快板。"

● 案例演示

王阿姨说："我一直很喜欢陕北民歌，能不能帮我用那种风格写首关于重阳节的诗？"

AI回复了一首《重阳念情》，借陕北秋景（山梁、荞麦等）、重阳习俗（登高、插茱萸等），表达了思念亲人、祈愿亲人安康的思想感情。

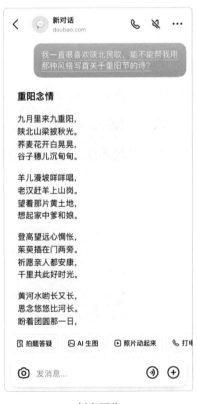

创意写作

场景六：跨代交流

● **核心价值**

破解"00 后"语言密码。

● **语音 / 文字指令示例**

"把'自拍'翻译成通俗话。"

"用孙子能听懂的话解释最新的社交应用。"

"把这条短信改成年轻人喜欢的表达形式。"

● **案例演示**

张奶奶说："我收到孙子的短信，里面写着'自拍'。我看不懂，能不能帮我翻译一下？"

AI 把"自拍"等词语翻译成通俗话，并作了解释。

跨代交流

场景七：往事回忆助手

● 核心价值

打造你的数字记忆博物馆。

● 语音/文字指令示例

"整理 1950—1960 年的经典老歌清单，按电影插曲分类。"

"把我和老伴儿的结婚故事写成 300 字短文。"

"找五张 1966 年北京公交车的照片。"

● 案例演示

周奶奶上传老照片："根据我 1972 年在供销社工作的场景，讲个当时的时代故事。"

AI 根据照片，描写了一个 20 世纪的冬天发生在供销社的故事。

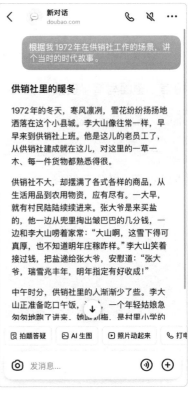

往事回忆助手

场景八：文艺时光

● 核心价值

你的私人文化生活馆。

● 语音/文字指令示例

"用央视主持人的解说风格介绍我家阳台的花。"

"用摇滚歌手的唱腔唱今日天气预报。"

"把小区菜价播报改成《新闻联播》腔调。"

● 案例演示

李奶奶输入："模仿20世纪80年代电台的风格播放评书《岳飞传》。"

AI 用晶体管收音机音效播放右图内容。

【声明】

AI 生成内容为文学作品改编，不一定与史实相符，请注意甄别。

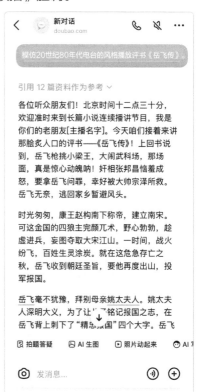

文艺时光

3 安全使用指南

安全锁一：隐私保护技巧

● **核心原则**

可以聊家常，但不给证件复印件。

● **诈骗信息识别要点**

三不要：不透露身份证号、不报银行卡号、不说密码。

诈骗套路：AI 说"你的医保卡异常，请提供卡号验证"。

破解口诀："凡是要卡号，挂断找儿女。"

● **案例演示**

张奶奶收到"AI 语音通知"："你购买的保健品需补缴关税，请提供银行卡……"

● **正确操作：**

① 立即说"退出"终止对话；

② 按下子女设置的"亲情速拨键"。

安全锁二： 信息验证技巧

● **核心原则**

像买菜挑新鲜货一样检验信息真伪。

● **虚假信息识别口诀**

一查链接（非 .gov/.org 结尾的小心点击）。

二看日期（超过 3 年的养生建议要警惕）。

三防夸张（"根治""神效"等词出现，大概率是骗局）。

● **案例演示**

王爷爷对 AI 提供的医疗信息进行三重验证。

①来源检查："你刚才说的降压方子是哪家医院的方案？"

②交叉对比：同时问多个 AI 助手（如 DeepSeek、豆包）。

③权威确认："在北京协和医院官网查证"。

安全锁三： 子女远程协助方案

● **核心原则**

当你在使用 AI 时遇到问题，可以向子女发起远程协助请求。子女通过视频通话、屏幕共享等方式，远程指导父母解决问题。

动手试试看

● **练习一：询问 AI 关于健康饮食的建议**

打开豆包，在对话框中输入"我想要一份低糖食谱"。看看 AI 提供的食谱是否既美味又健康。

● **练习二：用语音输入"推荐一个适合短途出行的旅游目的地"**

打开豆包，按住屏幕右下角的按钮，说："推荐一个适合短途出行的旅游目的地。"听听 AI 推荐的地点是否符合你的兴趣和需求。

● **练习三：和 AI 一起紧跟时代步伐**

试着问 AI："'内卷'这个词现在很流行，它到底指的是什么？"

AI 健康管家

身体健康是我们最大的本钱！有了健康的身体，才能更好地享受生活，对不对？现在，AI 不仅会下棋、写文章，还能成为我们的健康管家，随时随地提供健康咨询、定制养生方案，甚至还能陪我们聊天解闷呢！

翻开今天的内容，我们来好好认识一下这位 AI 健康管家，学一学怎么用它来管理身体。别担心，AI 用起来不复杂，简单、易上手。

DAY
THREE

1 健康咨询：AI 给你靠谱建议

平时有头疼脑热、腰酸背痛的问题，是不是总想找个懂行的人问？如果去医院，挂号排队又麻烦，小毛病也不想折腾。现在，有了 AI，你就相当于有了一个 24 小时在线的家庭医生，随时都能问。

常见病、慢性病，让 AI 提建议

工作时间久了，难免会有些小毛病，或者被慢性病困扰，如高血压、糖尿病、关节炎、老寒腿等。这些病平时要注意什么？怎么吃、怎么动才能缓解？犯病的时候该怎么办？这些问题都可以问 AI。

DeepSeek 能提供这些常见病、慢性病的信息，包括病因、症状、预防、治疗等。

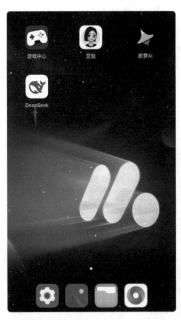

● AI 工具：DeepSeek。

第一步 打开 AI 应用。

在手机上找到 DeepSeek 并打开。

打开 DeepSeek

第二步 输入问题。

在对话框里输入问题。可以直接描述症状，比如"我最近老是咳嗽，是不是感冒了？"，点击"发送" ⬆。

第三步 查看 AI 给出的回答。

DeepSeek 会根据问题，给出详细的解答和建议。

在 DeepSeek 对话框里输入问题

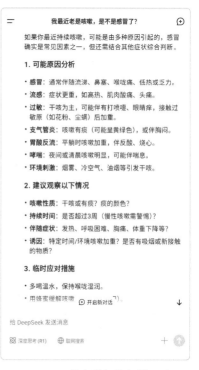

DeepSeek 给出详细的解答和建议

除了 DeepSeek，还可以向豆包提问，豆包的操作方式与 DeepSeek 类似，下面是几个应用场景示例。

● 应用场景及案例

场景：咳嗽老不好

问题：我感冒好了，但咳嗽一直不好，有什么办法吗？

应用场景及案例 1

场景：腿疼睡不着

问题：我最近膝盖疼得厉害，晚上都睡不好，这是怎么回事？

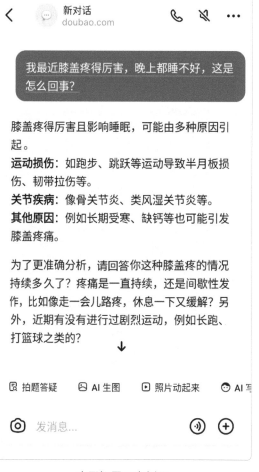

应用场景及案例 2

场景：血压有点高

问题：我最近量血压有点高，是不是得了高血压？

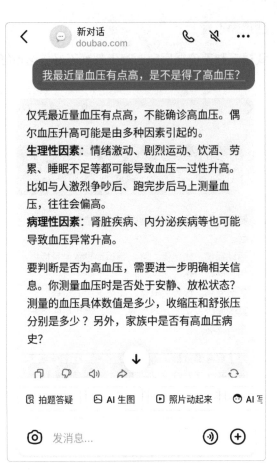

应用场景及案例 3

用药咨询：AI 帮你了解药品信息

生活中，当出现健康问题时，人们或多或少都会吃些药，那你是否遇到过这些问题：说明书字太小看不清，药太多了容易搞混，不知道吃的药有什么副作用，等等。现在，遇到这些问题，你可以问 AI，比如 DeepSeek。DeepSeek 能提供药品信息查询，包括药品说明书、用法用量、不良反应、禁忌证、注意事项等。

● AI 工具：DeepSeek。

第一步　打开 AI 应用。

找到手机上的 DeepSeek 并打开。

第二步　上传照片。

点击"联网搜索"按钮（使其变黑，即处于关闭状态），点击右下角的"加号"按钮，在弹出的页面中点击"图片识文字"按钮，上传药品图片。

点击"图片识文字"按钮

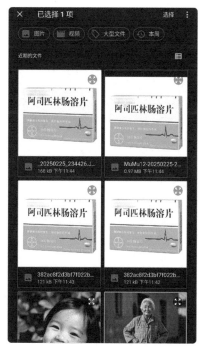

上传药品图片

第三步 输入问题。

在对话框中输入"这个药是做什么用的",点击"深度思考（R1）"按钮，等待一会儿，就可以看到 DeepSeek 的回复了。

输入问题

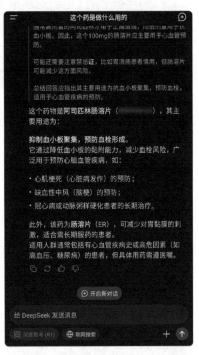

DeepSeek 的回复

除了 DeepSeek，还可以向豆包提问，豆包的操作方式与 DeepSeek 类似，下面是几个应用场景示例。

● 应用场景及案例

场景：新药看不懂

问题：医生给我开了"缬沙坦胶囊"，这是治什么的？

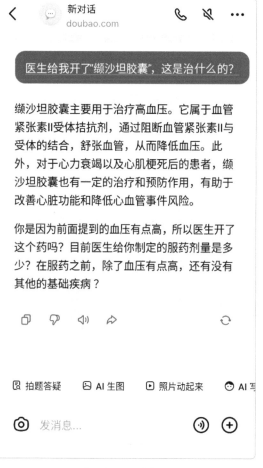

应用场景及案例 1

场景：药量记不清

问题：我这"阿司匹林肠溶片"，一天吃几次，一次吃几片？

应用场景及案例 2

场景：担心副作用

问题：我吃"布洛芬"胃不舒服，还能继续吃吗？

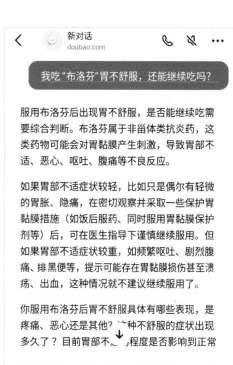

应用场景及案例 3

解读体检报告

我们在体检后常常看不懂报告中的专业术语和数字，问医生又要排队，问儿女他们又很忙，没办法深入了解自己的情况。现在有了 AI，解读体检报告再也不用麻烦别人，AI 可以给我们提供相当专业的解读。

下面就用豆包来解读体检报告。

扫码看视频
解读体检报告

● **AI 工具：豆包。**

第一步 **打开 AI 应用。**

在手机上找到豆包并打开。

第二步 **上传文件。**

点击"文件"按钮⌀，选择你想要分析的体检报告并上传。

点击"文件"按钮

成功上传文件

第三步 查看 AI 给出的回答。

在对话框中输入"解读一下我的体检报告", AI 给出分析结果（注：因为本演示示例输入的是空的体检报告, 所以没有分析结果）。

豆包给出回答

声明

AI 健康咨询可以作为参考, 帮助我们了解一些健康知识, 但不能代替医生的专业诊断和治疗。如果体检报告结果异常, 要和医生确认后才可以下最终结论。

2 个性化养生：AI为你量身定制方案

　　每个人的身体状况不一样，就像买衣服要量体裁衣，养生方法也应该因人而异，不能千篇一律。AI 可以根据你的具体情况，比如年龄、性别、体质、有没有慢性病等，为你定制个性化的养生方案，告诉你吃什么、怎么动、怎么睡。

了解体质：问 AI 你是什么体质

　　不同体质易患不同疾病，因此养生方法不同。AI 可依据身体特点判断体质类型，明确体质有助于有针对性地养生。

　　● AI 工具：DeepSeek。

　　第一步　打开 AI 应用。

　　在手机上找到 DeepSeek 并打开。

　　第二步　输入问题。

　　在对话框中描述一下你的身体情况（如右图所示），记得点击"深度思考（R1）"按钮 深度思考(R1) 和"联网搜索"按钮 联网搜索 。

输入问题

第三步 查看AI给出的回答。

DeepSeek 根据你描述的身体情况，对你的健康状况进行分析，如右图所示。

除了 DeepSeek，还可以向豆包提问，豆包的操作方式与 DeepSeek 类似，下面是几个应用场景示例。

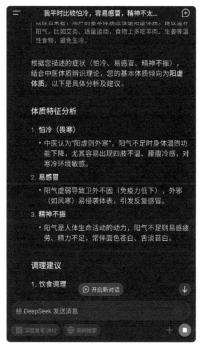

DeepSeek 给出回答

应用场景及案例 1

● **应用场景及案例**

场景：不清楚体质类型

问题：中医体质有哪些类型？每种体质有什么特点？

场景：根据身体状况问体质

问题：我一到夏天就特别容易出汗，还心烦，我是什么体质？

< 新对话
doubao.com

如经常过敏等？

我一到夏天就特别容易出汗，还心烦，我是什么体质？

根据你描述的情况，初步考虑有**湿热质**或**阴虚质**的倾向。湿热质人群在夏季暑湿较重时，体内湿热蒸腾，易出现多汗且黏、心烦的表现；阴虚质人群由于体内阴液亏虚，夏季炎热易加重阴虚内热，也会出现多汗、心烦的症状。

为了更准确判断，想问你几个问题：你平时大便情况如何，是干结还是黏腻不成形？口中是否有异味？另外，夜间睡眠时是否有盗汗（入睡后出汗异常，醒来后汗止）的现象？

🗍 👎 🔊 ↪   ↻

🗐 拍题答疑   🖼 AI 生图   ▣ 照片动起来   ◐ AI 写

发消息...   ◍ ⊕

应用场景及案例 2

< 新对话
doubao.com

我平时不太爱运动，身材比较胖，我是什么体质？

结合之前提到的夏天易出汗、心烦，以及现在所说的不爱运动、身材较胖等情况，目前**痰湿质**的可能性较大。痰湿质人群因体内痰湿积聚，常表现为体型肥胖、腹部肥满松软，且夏季天气闷热潮湿时，痰湿加重，会出现多汗、心烦等不适。

不过为了更精准判断，还想了解一下，你面部皮肤是不是比较油？平时是不是经常感觉胸闷、痰多？

🗍 👎 🔊 ↪   ↻

🗐 拍题答疑   🖼 AI 生图   ▣ 照片动起来   ◐ AI 写

发消息...   ◍ ⊕

应用场景及案例 3

场景：根据生活习惯问体质

问题：我平时不太爱运动，身材比较胖，我是什么体质？

定制养生方案：饮食、运动、作息

想要身体好，饮食、运动、作息都要注意。AI 可以根据你的年龄、性别、体质、健康状况，为你定制一套比较全面的养生方案，告诉你吃什么、做什么运动、每天睡多久。

● AI 工具：DeepSeek。

第一步 打开 AI 应用。

在手机上找到 DeepSeek 并打开。

第二步 输入问题。

在对话框中输入你的年龄、性别、身体状况、饮食偏好等信息（如右图所示），让 AI 根据这些信息定制养生方案。

输入问题

第三步 查看 AI 给出的回答。

DeepSeek 根据你描述的情况，为你生成定制养生方案，如下图所示。

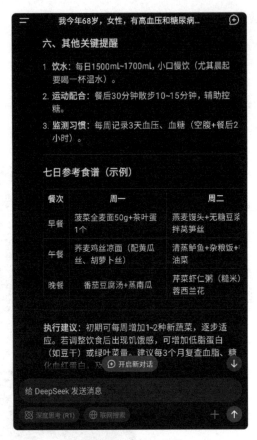

DeepSeek 给出回答

除了 DeepSeek，还可以向豆包提问，豆包的操作方式与 DeepSeek 类似，下面是几个应用场景示例。

● 应用场景及案例

场景：定制饮食方案

问题：我今年 70 岁，有高血压，帮我制定一周饮食方案。

应用场景及案例 1

场景：指导作息调整

问题：我晚上总是睡不着，白天又没精神，怎么办？

应用场景及案例 2

场景：推荐运动方案

问题：我腿脚不太好，有什么适合我的运动方式吗？

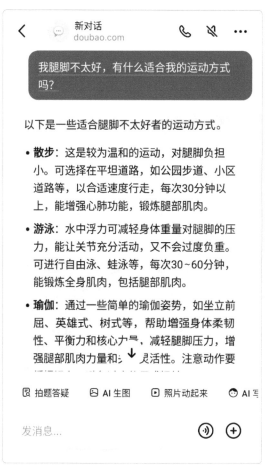

应用场景及案例 3

3 心理健康: AI也是倾听者

身体健康重要, 心理健康也不能忽视。心情好, 身体才能更好。AI 不仅能提供健康咨询服务, 还能像朋友一样陪你聊天解闷, 听你说心里话, 帮你排解负面情绪。

疏导情绪: 聊聊烦心事

人老了, 有时候会觉得孤独, 或者遇到一些烦心事, 想找个人倾诉。AI 可以成为你的倾听者, 虽然它不能完全理解你的感受, 但可以给你一些安慰和建议。你可以把 AI 当成一个树洞, 把心里的烦恼都说出来, 这样会感觉轻松一些。

● AI 工具: 豆包。

第一步 打开 AI 应用。

在手机上找到豆包并打开。

扫码看视频
聊聊烦心事

打开豆包

第二步 搜索机器人。

点击"发现"按钮Q，在搜索栏中输入"心理"并搜索，选择一个你喜欢的心理咨询助手并点击，进入对话。

点击"发现"按钮

在搜索栏中输入"心理"

第三步 进行通话。

点击"通话"按钮📞，就可以像打电话一样和 AI 进行聊天。

遇到烦恼了吗？找我聊聊吧。

最近很焦虑怎么办？

产后抑郁怎么缓解？

强迫症能治好吗？

发消息...

点击"通话"按钮

● 应用场景及案例

场景：倾诉烦恼

问题：我今天心情很不好，因为……（把你不开心的原因说出来）

场景：表达情绪

问题：我觉得很孤独，儿女都不在身边。

场景：寻求安慰

问题：我心里很难受，你能安慰我吗？

声明

AI 不能代替心理医生。AI 可以倾听我们的烦恼，提供一些疏导情绪的建议，但这不能代替专业的心理咨询和治疗。如果你长期感到情绪低落、焦虑、抑郁，或者遇到比较严重的心理问题，一定要寻求专业的心理帮助。

排解孤独：AI与你相伴

有时候，子女不在身边或者伴侣出门了，一个人在家会觉得很孤单。此时，AI 可以陪你聊天、讲笑话、猜谜语、玩成语接龙等，让你不那么无聊。虽然 AI 不是真人，但也能给你带来一些乐趣。

● AI 工具：豆包。

第一步 打开 AI 应用。

在手机上找到豆包并打开。

第二步 搜索机器人。

点击"发现"按钮 Q，在搜索栏中输入"聊天"并搜索，选择一个你喜欢的聊天对象并点击，进入对话。

在搜索栏中输入"聊天"

第三步 进行通话。

点击"通话"按钮📞，就可以像打电话一样和 AI 聊天。

点击"通话"按钮

● **应用场景及案例**

场景：回忆往事

问题：我年轻那会儿，日子过得可不容易，你想听听我当年的故事吗？

场景：学习新技能

问题：我一直想学画画，你能教我画一种简单的花吗？

场景：玩游戏互动

问题：我们来玩成语接龙吧，我先说"一心一意"。

动手试试看

现在，你已经对 AI 健康管家有了初步的了解。接下来，你可以借助 DeepSeek、豆包动手试试看，体验 AI 的强大功能。

● **练习一：向 AI 咨询"高血压吃什么好？"**

在对话框中输入"高血压吃什么好？"或者"高血压饮食要注意什么？"

然后思考一下：AI 给的建议靠谱吗？给的建议跟你平时了解的健康知识一样吗？你觉得这些建议对你有帮助吗？

● **练习二：让 AI 给你推荐一套"适合在家做的运动"**

在对话框中输入"请推荐一套适合在家做的运动，我久坐不动，身体比较僵硬。"或者 "职场打工人在家可以做什么运动？最好简单易学。"

然后思考一下：这些运动适合你吗？你喜欢哪些运动？

● **练习三：跟 AI 聊聊"今天遇到的烦心事"，看看 AI 如何回应**

在对话框中输入"我今天遇到一件烦心事，心里很不舒服……"。

然后思考一下：AI 的回应能给你安慰吗？你觉得与 AI 聊天能帮你疏导情绪吗？

小提示

练习的时候放轻松，大胆尝试！不用怕说错话，也不用担心 AI 会嘲笑你。多问问，多试试，你就会发现：AI 健康管家，真的挺好用。

AI 娱乐达人

我们不能整天待在家里，除了锻炼身体，还得找点乐子，让生活过得多姿多彩。现在，AI 不仅能当健康管家，还是我们的娱乐达人。它可以陪我们聊天、讲笑话、猜谜语，还能给我们推荐好看的、好听的、好玩的。

下面我们来认识一下 AI 娱乐达人，学一学怎么用它来丰富日常生活。

DAY
FOUR

1 智能聊天：AI 陪你乐开怀

你平时一个人在家，是不是觉得有点冷清？想找人说说话，又不知道和谁说？别担心，AI 可以成为你的聊天伙伴，随时随地陪你聊天解闷。

谈天说地：和AI 啥都能聊

AI 可不是只会简单对话的机器人，它能和你聊各种话题，还会说大部分地区的方言。你可以像和一个老朋友聊天一样，用方言和 AI 交流。

豆包具备强大的聊天功能，内置各种方言的机器人，下面我们就来试试。

● AI 工具：豆包。

第一步 打开 AI 应用。

在手机上找到豆包并打开。

第二步 搜索机器人。

点击"发现"按钮Q，然后点击"通话畅聊"按钮 通话畅聊 （搜索框下面有一行按钮，向右滑动即可找到），就可以看到会说不同方言的机器人。

点击"发现"按钮

点击"通话畅聊"按钮

第三步 进行通话。

　　找一个你喜欢的机器人，点击它的头像，你就可以像和老朋友聊天一样开始聊天。

开始聊天

① 通常，你可以先说："请做个自我介绍吧！"以便快速了解该机器人的功能。

② 通常，你可以找聊过人数比较多（说明大家比较认可）的机器人对话。

查看聊过人数

● 应用场景

场景：古今人物

场景：影视作品人物

场景：虚拟女性

场景1

场景2

场景 3

讲故事、说笑话、猜谜语：AI 逗你乐

AI 不仅能与你聊天，还能给你讲故事、说笑话、猜谜语，逗你开心。它就像一个百宝箱，能让你的生活充满乐趣。

● AI 工具：豆包。

第一步 打开 AI 应用。

在手机上找到豆包并打开。

第二步 寻找机器人。

点击"发现"按钮 Q，然后点击"趣味"按钮 趣味 （搜索框下面有一行按钮，向右滑动即可找到），就可以看到各种可以玩游戏的机器人。

第三步 进行通话。

找一个你喜欢的机器人，点击"通话"按钮 📞，你就可以开始玩游戏。

点击"趣味"按钮

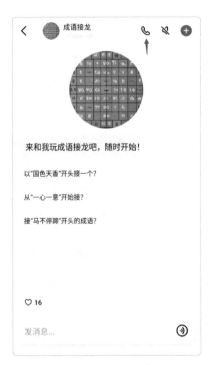

点击"通话"按钮

● **应用场景**

场景：讲故事

场景：说笑话

场景：猜谜语

场景 1　　　　　　　　　　　场景 2

场景 3

2 AI学习: AI陪你长知识

兴趣培养: 书法、种花、读书样样通

学习是一生的事情, 持续学习可以让我们保持年轻。那么 AI 对我们的学习有哪些帮助呢? 下面就让我们一起来看看。

我们这次以学习书法为例子, 看看豆包怎么快速帮助我们学习。

● AI 工具：豆包。

第一步 打开 AI 应用。

在手机上找到豆包并打开。

第二步 寻找机器人。

点击"发现"按钮Q，在搜索栏中输入"书法"并搜索，找到聊过人数最多的机器人。

第三步 开始沟通。

选择机器人后，首先让它做自我介绍，然后开始沟通。

找到聊过人数最多的机器人

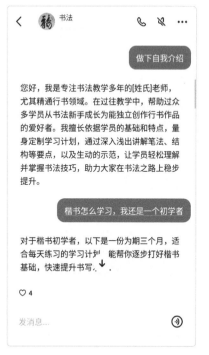

开始沟通

● 应用场景

你可以输入与想要学习的技能相关的关键字，下面是一些常见的例子。

场景：读一本书

场景：学习养花

场景：自主学习

场景 1   场景 2

一看就会 DeepSeek+ 豆包（大字大图配视频）

场景 3

帮孙辈解难题：作业不再犯愁

你是否遇到这样的难题：退休后给儿女带孩子，看着可爱的孩子一天天长大，很是开心；你要辅导孩子作业，但很多知识你已经不会了，这时候只能等着儿女回来，自己很是无力……

如果你面临这样的难题，那你现在不用担心了，AI 可以帮你解答孩子的作业问题。下面用豆包来举例。

● AI 工具：豆包。

扫码看视频
作业不再犯愁

第一步 打开 AI 应用。

在手机上找到豆包并打开。

第二步 点击"拍照答疑"。

进入对话页面，点击"拍题答疑"按钮 ⊠，弹出拍摄页面，将相机白框对准题目，拍照上传。

第三步 查看 AI 给出的回答。

豆包很快会提供题目解析和答案（示例见下图）。

点击"拍题答疑"按钮

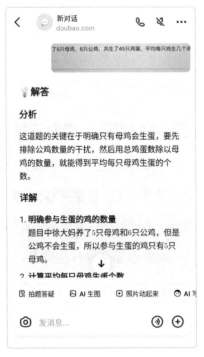

查看答案

3 生活好帮手：AI让生活更轻松

除了上面提及的功能外，豆包还有很多高级的功能，下面介绍豆包的看新闻、听音乐、定日程的功能。

知天下事：新闻早知道

平时我们看新闻，一般都是关注首页推送的新闻，有时候新闻字号小，还要戴眼镜才看得清楚。现在，豆包的看新闻功能可以解决这些问题——我们可以自己指定感兴趣的新闻类型和新闻推送时间，而且它还可以自动总结和阅读新闻，我们再也不用到处找眼镜了。

● AI 工具：豆包。

第一步　打开 AI 应用。

在手机上找到豆包并打开。

第二步　找到豆包日报。

进入对话页面，点击"豆包日报"按钮 ⊞ 豆包日报 。

点击"豆包日报"按钮

第三步 设置偏好。

点击右下角"偏好设置"按钮 偏好设置 ，在弹出的页面中选择你感兴趣的资讯主题和适合你的推送时间，并保存。豆包就会在你设置的时间点推送你感兴趣的资讯。

第四步 体验"听一听"。

你可以点击"听一听"按钮 ▶ 听一听 ，就不用盯着手机看新闻了。

设置资讯偏好

点击"听一听"按钮

扫码看视频
新闻早知道

听动听的歌：老歌新曲听不完

你有没有遇到过这样的场景：想听一些自己那个年代的歌曲但找不到，儿女不在身边没办法帮忙……

有了豆包就可以轻松解决这个烦恼！你只需对豆包说"我想听20世纪六七十年代的歌"或"帮我找 ×××的歌"，豆包就会找到相应歌曲并自动播放。下面一起来试试看。

● AI 工具：豆包。

第一步 打开 AI 应用。

在手机上找到豆包并打开。

第二步 点击"来点音乐"按钮。

进入对话页面，点击"来点音乐"按钮 ⓓ 来点音乐，豆包会随机弹出一些歌曲并自动播放。

扫码看视频
老歌新曲听不完

点击"来点音乐"按钮

第三步 点一些自己想听的歌。

在对话框中输入"放一些免费的 20 世纪 80 年代的歌"。

请注意，标注 VIP <img_1 icon> 的音乐是付费音乐，你只可以听片段；若音乐是免费的，则可以听完整歌曲。

弹出歌曲

点一些自己想听的歌

不忘大小事：日程提醒很贴心

你是否遇到过这样的问题：随着事务增多，记忆力有所下降，常常忘记吃药时间、医院预约或家人生日……有了豆包的日程提醒功能，这些烦恼都将成为过去！你只需告诉豆包"提醒我明天上午9点吃降压药""提醒我下周三去医院复诊"，豆包就会在指定时间提醒你。

● AI 工具：豆包。

第一步 打开 AI 应用。

在手机上找到豆包并打开。

第二步 点击"日程提醒"按钮。

进入对话页面，点击"日程提醒"按钮 🔔 日程提醒，豆包会提示你说下要提醒的事件和时间。

扫码看视频
日程提醒很贴心

点击"日程提醒"按钮

第三步 发送日程。

豆包会申请手机提醒权限，到时间提醒你。

设置成功后的页面如下图所示。

输入需求

设置成功

动手试试看

● **练习一：探索豆包的发现功能**

在豆包的"发现"功能中，点击"推荐"按钮，看看豆包给你推荐了哪些有趣的机器人。每个机器人都有独特的功能和个性，你可以选择一个感兴趣的机器人与之聊天，了解它的特点和功能。

● **练习二：创作一首诗歌**

在豆包的对话页面中，点击"帮我写作"按钮，让豆包为你创作一首诗歌。你可以给豆包一些主题或关键词，比如"春天的花朵""思念的心情""家的温暖"。豆包会根据你的提示生成一首诗歌。

通过以上练习，你是不是对 AI 娱乐达人有了更深入的了解呢？AI 不仅能让你的生活更健康，还能让你的生活更有趣！

AI 艺术魔法师

你有没有想过，自己也能当一回艺术家，画出漂亮的图、制作酷炫的视频，或是写出动听的歌曲？以前，要学会这些本领，要花上好多年。现在，有了 AI 这个艺术魔法师，一切变得简单又好玩！在今天的内容中，我们要一起走进 AI 的奇妙世界，学习图像生成、视频生成和音乐创作。不管你会不会画画、能不能制作视频、懂不懂乐谱，只要学习完今天的内容，相信你会有所收获。别担心，AI 并不难用，它就像你家里的好帮手，为你排忧解难。准备好了吗？下面开启第五天的"艺术魔法"之旅吧！

DAY
FIVE

1 AI图像生成：动动嘴，美图就来

何谓AI图像生成

AI 图像生成就像一位"数字画家"，它能根据你的文字描述或参考图片，自动创作出全新的图像。

比如，你说"穿旗袍的少女在西湖泛舟"，AI 就能生成一张符合文字描述的图画。

借助 AI 图像生成技术，普通人即使不具备绘画技能，也能快速实现创意表达。这一技术适用于修复老照片、设计头像等场景。

AI如何实现图像生成

图像生成的过程其实很简单：AI 生图程序里有一个很聪明的"大脑"，它通过浏览海量图片，学会了拼接和变换图片里的元素。

当我们给它一个指令，比如"画一只在森林里的小鹿"，它就会用学到的知识把小鹿和森林的元素组合起来，生成一张符合要求的图片。

你可以把它想象成一个功能强大的高级拼图工具，只不过它拼出来的是一幅全新的画。

AI图像生成的应用场景与工具推荐

● AI 图像生成技术的应用场景

发挥创意：不会画画也能创作出优秀作品，展示你的想法和品位。

重温旧时：修复老照片，或者画出年轻时的场景，重温旧时光。

家庭故事：给家人画肖像，做一本家庭画册，留住美好时光。

节日卡片：做一张独特的祝福卡，送给亲朋好友，更显心意。

● AI 图像生成工具推荐

在 AI 飞速发展的今天，图像生成工具可谓层出不穷，国内外市场上都涌现出了众多优秀的工具。为了帮助大家更好地探索这一领域，本书推荐以下国内的 AI 图像生成工具。

豆包：多样化创作（生日海报、表情包等），一键生成带文字图片。

智谱清言：高质量图像生成工具，适用于广告、游戏、电影等领域。

LiblibAI：专注于中文市场的线上 AI 绘画平台，文生图、图生图功能丰富。

AI 图像生成：文字变图画

你只需简单描述，便能得到个性化的手机壁纸；另外，AI 还能为你量身定制微信头像，让你的社交形象焕然一新，尽显个性与品位。

● AI 工具：豆包。

第一步 打开 AI 工具。

打开豆包，进入对话页面，点击"AI 生图"按钮 [📅AI生图] 。

点击"AI 生图"按钮

扫码看视频
文字变图画

第二步 进入 AI 生图页面，描述你想要创作的内容。

当你想要通过 AI 生成图片时，需要记住一个重要的原则：画面描述越详细，生成图像的质量越好。例如，你可以输入："一列火车行驶在一个充满粉色云朵的天空之中。火车的颜色与周围的云彩形成了鲜明的对比，营造出一种梦幻般的氛围。天空中有一些白色的云朵和一个热气球，增加了画面的奇幻感。整幅图充满了童话色彩，让人仿佛置身于一个幻想世界。"

AI 生图页面　　　　　　　　输入示例

第三步 设置生成参数。

根据需要设置图像风格、尺寸等参数。豆包提供默认设置，若不需要特殊调整，可以直接使用默认设置。

第四步 点击发送，等待生成。

点击"发送"按钮❶，等待几秒，AI 会自动根据你的文字描述生成图像。

等待生成图像

确认生成图像

第五步 保存或分享。

确认生成的图像后，点击"下载"按钮⬇，将图像保存到本地设备中，或直接分享到社交平台。

保存到本地设备中　　　　　　　　分享到社交平台

　　恭喜你！通过 AI 图像生成的神奇之旅，你现在已拥有专属于自己的壁纸，你还可以尝试生成头像等。

老照片修复：让回忆焕然一新

AI 图像生成技术能够有效解决照片上的划痕、污渍、褪色等问题，使老照片焕然一新，让珍贵的回忆更加清晰、生动，如下图所示。无论是家庭珍藏的旧照，还是历史档案中的宝贵资料，都能通过这一功能得到修复。

修复前

修复后

● AI 工具：豆包。

第一步 打开 AI 工具。

打开豆包，进行对话页面，点击"AI 生图"按钮 ⊟ AI 生图。

点击"AI 生图"按钮

第二步 进入 AI 生图页面，点击"添加参考图（可选）"按钮 🖼️，上传老照片。

| AI 生图页面 | 上传老照片 |

第三步 输入修复指令。

在对话框中输入"请修复这张老照片，恢复其原有的色彩和清晰度。请解决照片上的划痕、污渍和褪色问题，让照片焕发新的生机。"比例可选择"原比例"。

第四步 点击"发送"按钮。

等待几秒，AI 会自动根据你的要求修复老照片。

输入修复指令　　　　　　　　　　生成图像

现在，你手中的老照片已焕然一新，划痕消失、污渍无踪、色彩重现。

动手试试看

● 练习一：创作个性化头像

上传你的照片，在对话框中输入"现代风格的自画像"或"卡通版的我"，生成头像。将其设置为微信、QQ 或其他社交媒体平台的个人头像，展现你的个性与风格。

● **练习二：为家庭聚会设计专属海报**

在对话框中输入"温馨的家庭聚会海报"，生成独特海报，用于家庭聚会，看看家人的惊喜反应。

● **练习三：更换图片背景颜色**

上传一张风景照，在对话框中输入"把背景换成××色"，欣赏另一番风景。

2 AI视频生成：让照片动起来，故事更精彩

AI视频生成在生活中的应用场景

AI 已经深入我们生活的方方面面，AI 视频生成功能可以应用在下面的场景中。

重温美好回忆： 让老照片中的自己或亲人"动起来"，仿佛回到了那个年代。

制作祝福视频： 通过照片生成动态视频，为生日、婚礼等场合制作独一无二的祝福视频。

文娱创作：将静止的艺术作品或照片变成动态故事，寄托情感或分享乐趣。

对没有体验过 AI 视频生成功能的人来说，它既新奇又有趣，是打发时间、传递感情的好帮手。

技术原理

简单来说，AI 视频生成功能利用一种叫作"神经网络"的技术，识别照片中的人物特征，比如脸形、五官和表情，并通过算法让这些特征动起来——微笑、眨眼，甚至说话。

实操案例

扫码看视频
让老照片动起来

案例 1：让老照片动起来

● 场景描述

家里有一张几十年前的老照片，上面是年轻时的爸妈。有时候我们会梦见照片里的人笑着跟自己打招呼的场景。现在，使用即梦 AI 就可以实现这个场景。

● AI 工具：即梦 AI。

第一步 打开即梦 AI。

在手机上找到并打开即梦 AI。

第二步 进入创作模块。

点击"想象"按钮 ⬧，进入创作模块。

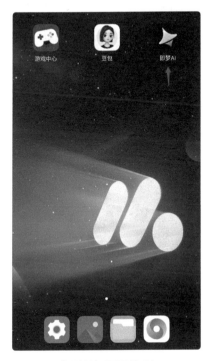

找到并打开即梦 AI

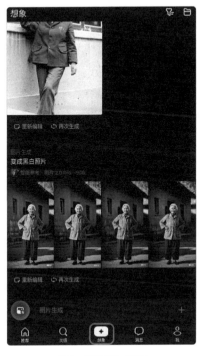

点击"想象"按钮

第三步 进入视频生成模块。

点击"视频生成"按钮 ⬤ 视频生成，进入视频生成模块。

第四步 上传照片。

点击"加号"图标 ➕ 上传照片，选择你想要处理的老照片。如果是纸质照片，可以先用手机拍摄一张清晰的照片再上传。

点击"视频生成"按钮　　　　　　上传照片

第五步 输入提示词。

在输入框中输入提示词"让照片中的人物微笑并打招呼"。提示词应符合人物常规动作，如果和主体差别过大，生成效果会比较差。

第六步 预览并调整。

点击"生成"按钮 生成 ，等待 AI 处理完成，通常需要 1 ~ 2 分钟的时间。生成后，可以预览视频效果。如果觉得效果不够自然，可以多试几次。

输入提示词   预览视频效果

第七步 保存和分享。

如果对生成效果感到满意，点击"下载"按钮 ⬇，视频会保存到本地设备中，也可以通过微信、QQ 或其他方式分享给家人和朋友。

> **小提示**
>
> 第一次操作时可能会稍微慢一些，不用着急，多试几次就会熟练。

扫码看视频
让小宝宝开口说话

案例 2：让小宝宝开口说话

● **场景描述**

家里的小宝宝才刚学会叫爷爷奶奶，逢年过节时，是不是特别希望小宝宝能送上温馨的祝福语？别担心，即梦 AI 就能帮你轻松实现这个愿望。

● **AI 工具：即梦 AI。**

第一步 打开 AI 工具。

与前文的步骤一样，在手机上找到并打开即梦 AI，点击"想象"按钮 ⬛，然后点击"数字人"。

点击"数字人"

第二步 上传照片并选择音色。

进入上传照片的页面，选择并上传你喜欢的、清晰的宝宝照片，然后选择小女孩的音色，选择后会自动播放一段声音，你可以听听是否合适。

第三步 选择生成效果并添加文本。

选择标准模式或大师模式，大师模式的生成效果更好，消耗积分多。稍等片刻后，就可以看到生成好的视频了。

选择小女孩的音色

选择模式并添加文本

第四步 保存和分享视频。

制作完成后，保存到手机中，分享给亲朋好友。

保存和分享视频

小提示

① 图片不要太模糊。老照片如果过于模糊，生成的效果可能不理想。你可以在软件中使用修复功能，先提升照片的清晰度再生成视频。

② 合理选择语音风格。对于历史老照片，选择庄重的语音风格会比较合适；对于孩子的照片，可以选择活泼的语音风格。

动手试试看

动动手，让 AI 视频给你惊喜。

爸妈动一动：用爸妈的老照片，输入"微笑并点头"，看看效果。

孙子说祝福：给孙子的照片加句"奶奶新年快乐"，发给家人。

老物件故事：拍张老物件照片，输入"轻轻晃动"，做个动态小片。

3 AI音乐创作: 让音乐触手可及

何谓AI音乐创作

音乐是生活的好朋友，能调节氛围、抚慰心灵。以前，写歌得会乐谱、懂乐器才行。现在，有了 AI 音乐创作，这事儿简单啦!

什么是 AI 音乐创作? 就是请了个数字音乐家到手机里，你说几句话，比如"来首欢快的新年曲"，它就能帮你创作出一段音乐。

AI如何实现音乐创作

你可能会好奇: "AI 到底是怎么创作出一首曲子的呢?"其实一点儿也不神秘!

AI 就像一位聪明的学生，它通过"听"无数首歌曲，学会音乐的知识——流行音乐的节奏、古典音乐的和声，甚至民族音乐的特色音调等。

当你输入文字描述后，比如"与新年快乐有关的曲子"，AI 会先分析要求，找出"新年"和"快乐"这两个关键词，然后从音乐库里挑出欢快的节奏、明亮的音色，再把这些元素组合成一段完整的音乐。

整个过程只需要大约一分钟，你就可以听到一个独特的作品。是不是很神奇? AI 就像一个自带魔法的高级助手，让音乐创作变得轻松又快捷!

AI音乐创作的应用场景

AI 音乐创作不仅简单好用,还能为我们的生活带来更多乐趣。下面是一些 AI 音乐创作的应用场景。

为家庭聚会添彩:家庭聚会时,你可以用 AI 创作一段热闹的背景音乐,营造温馨的气氛。

给孩子的视频配乐:如果你喜欢拍孩子的成长视频,可以用 AI 为视频加上一段温馨的音乐。

打造个性化铃声:如果你觉得手机铃声太单调,可以用 AI 创作一段独特的音乐。

为诗歌或故事加分:如果你爱写诗或讲故事,可以用 AI 为作品配背景音乐。

放松身心:闲暇时,你可以用 AI 创作一段舒缓的曲子,边听边喝茶,享受片刻宁静。

有了 AI,音乐不再只是"听",还能成为你表达创意、丰富生活的好朋友!

为广场舞创作音乐

下面让我们一起来学习用 AI 为广场舞创作音乐。这次选用豆包,因为它操作简单、功能强大,非常适合初学者使用。

● AI 工具：豆包。

扫码看视频
为广场舞创作音乐

第一步 打开豆包。

在手机上找到并打开豆包。

第二步 点击"音乐生成"按钮。

进入豆包首页，点击"创作"按钮 ⊕AI，再点击"音乐生成"按钮 音乐生成 。

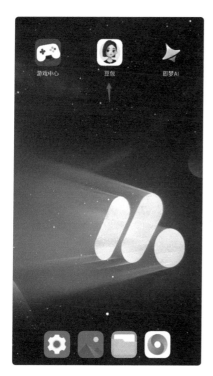

打开豆包

点击"音乐生成"按钮

第三步 选择音乐风格、人声和时间，并输入提示词。

首先，选择符合广场舞气氛的音乐风格，也可以使用默认风格。然后，选择人声和时长，按照自己的喜好设置即可。最后在输入框中输入提示词"帮我生成一首广场舞音乐"，点击"发送"按钮⬆️即可生成音乐。

输入提示词

第四步 试听、保存和分享。

音乐生成后，点击"播放"按钮▶试听。如果喜欢，就点击"下载"按钮⬇，把它存到手机里。

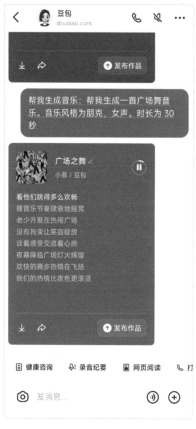

试听音乐

分享音乐

你也可以点击分享按钮，将音乐分享给朋友。

动手试试看

动手操作是掌握 AI 音乐创作的最佳方式！请尝试完成下面的练习，让音乐成为你生活中的小惊喜。

● **练习一：创作一段放松音乐**

在豆包中输入"创作一段舒缓的钢琴曲"，生成一段音乐，在晚上休息时播放，感受宁静的美好。

● **练习二：为家庭聚会准备背景音乐**

在豆包中输入"生成一首用于温馨的家庭聚会的音乐"，生成一段曲子，在下次聚会时播放，看看家人的反应。

● **练习三：给孙辈的视频加上动听的音乐**

在豆包中如果有孙辈的视频，输入"生成一段活泼可爱的童年旋律"，为视频配上音乐，让回忆更生动。

通过这些小练习，你会发现 AI 音乐创作不仅简单，还能让你的生活充满乐趣。

结语
CONCLUSION

恭喜你，亲爱的朋友！看到这里，相信你已经和 AI 成了亲密无间的好伙伴。从第一天小心翼翼地问 AI 问题，到如今能让 AI 帮你修复照片、写歌，你是不是觉得"原来 AI 这么神奇"？本书旨在让你发现：AI 不仅是工具，更是开启新生活的一把钥匙，普通人也能轻松掌握！

AI 不是难题，而是机遇，普通人也能轻松掌握

过去，你可能觉得科技是年轻人的专利，可现在不一样了。AI 就像个耐心又聪明的生活管家，它能听懂你的话、理解你的需求，还能陪你聊天、逗你开心。完成小练习，比如用 AI 修复老照片、为家人做祝福视频、创作属于自己的音乐，是不是让你觉得"原来我也能这么有创意"？这些曾经不可能完成的事，现在动动手指就成了。

学会 AI，不仅是多个技能，更是给自己打开一扇通往新世界的大门。你想想，过去学用手机时也觉得复杂，可一旦学会了，生活就方便了许多。AI 也是一样，它不仅能帮你解决实际问题，还能让你感受到探索的乐趣。

拥抱 AI，让生活更幸福、更精彩

不管是健康管理、娱乐消遣，还是艺术创作，AI 都能陪着你，让你每一天都过得有滋有味。想象一下，早晨起床问 AI 今天穿什么，午后听 AI 讲故事，晚上用 AI 创作一首小曲，多惬意！这些小小的改变，就能让生活多点惊喜、多点温暖。

更重要的是，AI 让你有机会和年轻人聊得来。孙辈玩 AI 画画，你也可以试试；儿女聊科技，你也能插上几句。学会 AI，不仅丰富了生活，也拉近了和家人的距离。这样的生活，是不是更幸福、更精彩？

未来已来，让我们一起享受 AI 带来的智能新生活

朋友，AI 已经来了，而且它对所有人敞开了怀抱。阅读本书只是开始，接下来的日子，你可以自己探索更多玩法，和 AI 一起探索新世界。别忘了，你的生活有更多可能，你的生活也可以因 AI 而闪闪发光！

谢谢你一路读到这里。希望本书能成为你桌边的好伙伴，随时翻开，随时寻找灵感。让我们一起拥抱 AI，享受智能新生活吧！

附录
APPENDIX

常用 AI 工具资源

　　本书特别选择了在我国普及程度高、操作简单的 AI 工具。这些工具支持语音和文字交互，功能覆盖健康咨询、照片修复、创意生成等，符合书中提到的使用场景。以下是常用 AI 工具的详细信息。

工具名称	主要功能	适合场景	操作方式
豆包	智能问答、健康建议、日常聊天	健康管理、日常生活咨询	语音 / 文字输入，点击发送
即梦 AI	图片生成、视频制作、照片修复	回忆重现、创意表达	语音 / 文字输入，点击发送
DeepSeek	复杂问题解答、概念解释	学习新知识、跨代交流	文字输入，点击发送

　　这些工具在书中已有实际操作示例，如使用豆包查询健康饮食建议，或用即梦 AI 修复老照片。读者可根据兴趣选择，逐步熟悉。

常见问题解答

为了帮助读者解决困惑，笔者整理了以下常见问题及其解答。这些问题基于书中提到的读者可能遇到的实际困难，确保内容贴近需求。

问题	解答
AI 工具安全吗？会泄露隐私吗？	使用 AI 工具时，不要分享身份证号、银行卡号等隐私信息。如有可疑通知，立即终止对话并咨询子女
不会用语音输入怎么办？	可以先尝试文字输入：打开工具，点击对话框输入问题，逐步熟悉后可尝试语音
AI 回答太复杂，怎么办？	使用"请用大白话解释"或"能举个例子吗？"的句式，AI 会调整语言难度
健康建议可靠吗？	AI 提供的健康信息仅供参考，涉及治疗或用药时，请咨询医生
忘记之前问过什么，怎么找历史记录？	部分工具如豆包支持查看对话历史，可在页面中查找之前的问题和回答
在哪里下载 AI 工具？	可在应用商店搜索工具名称，如豆包、即梦 AI 等，下载安装后按书中的步骤操作。
孙辈的流行语不会用，怎么办？	用豆包等工具输入"把'自拍'翻译成通俗话"，AI 会帮您理解
AI 能帮我写诗或谱曲吗？	可以，如书中的例子，用豆包输入"用陕北民歌风格写首重阳节诗"，AI 会创作